石獅安安
香港小百科
趣味圖鑑

新雅編輯室 著　　李成宇 圖

新雅文化事業有限公司
www.sunya.com.hk

石獅安安
香港小百科趣味圖鑑

作者：新雅編輯室
策劃・責任編輯：潘曉華
繪者・美術設計：李成宇
出版：新雅文化事業有限公司
香港英皇道499號北角工業大廈18樓
電話：(852) 2138 7998
傳真：(852) 2597 4003
網址：http://www.sunya.com.hk
電郵：marketing@sunya.com.hk
發行：香港聯合書刊物流有限公司
香港荃灣德士古道220-248號荃灣工業中心16樓
電話：(852) 2150 2100
傳真：(852) 2407 3062
電郵：info@suplogistics.com.hk
印刷：中華商務彩色印刷有限公司
香港新界大埔汀麗路36號
版次：二〇二一年七月初版
二〇二三年七月第三次印刷

給孩子的話

　　小朋友，雖然香港地方細小，但這裏的人都充滿創意和活力，才造就了許多特色建設和文化。此外，香港的鬧市和郊區十分接近，也令不少外地人羨慕不已。香港有這麼多美好的東西，當然要跟大家分享！

　　本書以一塊從獅子山身上掉下的小石子——活潑可愛的石獅安安為主角，他為了喚起爸爸的記憶而跟朋友一起遊歷香港，搜集爸爸所喜愛和關心的事情，到底他會有什麼收穫呢？小朋友，當你和石獅安安一起探索香港的時候，記得欣賞各方朋友送給石獅爸爸的心意啊！獅子山下有苦也有樂，但因為大家互相支持，才能渡過重重難關。

　　小朋友，為了給你一個豐盛的香港之旅，我們準備了很多精彩內容呢！

多元化的欄目：書中有「安安手記」，收錄石獅安安搜集到的趣味資料。其他還有介紹香港有趣往事的「時光隧道」、連繫香港和世界的「世界之窗」，以及啟發思考的「奇想之門」。

締造回憶的空間：書後附「我的香港旅行團」和「我的時間錦囊」，你可以嘗試計劃你和家人的香港之旅，並記錄下來，讓這本書成為你珍藏的香港小百科！

跨越實體書界限：這本書還有一個特色，就是掃描二維碼登入「安安小寶庫」，便可看到石獅安安的珍藏！裏面有對應書中繪畫香港特色事物的真實照片、由石獅安安和朋友介紹香港常識的有趣短片，以及可下載圖紙製作認識香港的小遊戲！

　　小朋友，事不宜遲，馬上開始暢遊香港吧！

請掃描登入「安安小寶庫」，
裏面的短片會不定期更新呢。

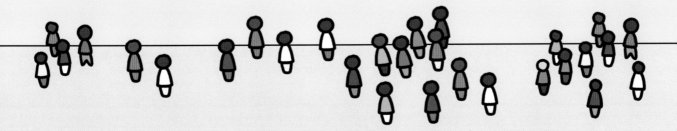

目錄

大家好，我是獅子山，朋友們都喜歡叫我石獅爸爸。

我是石獅安安，喜歡到處遊玩，認識新事物。請大家和我一起探索香港吧！

繁華社會篇

休閒及文化篇

孩子們，你們可以叫我風先生。遊歷香港時，我會告訴大家一些小知識。

我叫吱喳鳥，也會跟大家一起出發！

石獅安安和石獅爸爸的感情非常好。
石獅爸爸見多識廣，常常跟石獅安安說香港的故事。
可是，最近石獅安安覺得爸爸有點不妥。

嗯⋯⋯我要
提起精神。

「爸爸，你很久沒有跟我說故事了。」

「嗯……下次吧。」

「可是，上次你已經跟我說『下次』了。」

「嗯……是嗎？我忘了。」

石獅安安很擔心，爸爸是不是因為年紀大了，記憶力開始衰退了呢？

風先生提議：「不如換你來探索香港，把所見所聞告訴爸爸，喚起他的記憶吧。」

石獅安安覺得這是個好主意！

我也要去！

孩子，我們一起遊歷香港吧！

好呀！

7

香港歷史時間線

小朋友，在正式出發前，先來認識香港的古今大事吧！

公元前 5000 年 - 前 1500 年

在新石器時代，香港的先民依靠採集、捕魚和狩獵來獲取食物。

公元前 214 年

秦朝平定南越，置南海、桂林、象三郡。香港地區屬於南海郡番禺縣管轄。

公元 973 年

自宋朝起，越來越多人移居香港地區，例如今日新界錦田鄧氏的祖先為江西人，其後遷來這裏的。

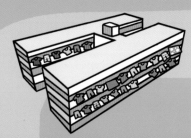

1953 年

石硤尾木屋區發生大火，促使政府興建首批公共房屋以安置受影響居民。

1941 年

第二次世界大戰期間，香港經歷了三年零八個月的日佔時期，直至 1945 年日本投降。

1936 年

第一架民航客機飛抵啟德機場，標誌着香港航空業正式展開公共運輸服務。

1973 年

正式展開將荃灣、沙田和屯門發展為新市鎮的計劃。

1997 年

香港回歸祖國，中國政府對香港恢復行使主權。

2009 年

香港免費教育由九年擴至十二年（適用於公營學校的中小學生）。

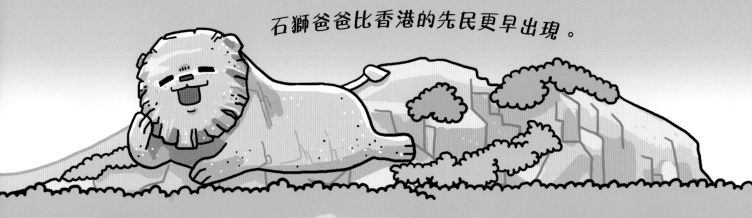

石獅爸爸比香港的先民更早出現。

1573 年

明朝成立新安縣，縣境大致包括今日的香港和深圳。

1842 年

清政府在第一次鴉片戰爭中戰敗，簽署《南京條約》，將香港島割讓給英國。

1852 年

香港展開第一次正式填海工程，形成現今上環文咸東街一帶。

1898 年

清政府簽署《展拓香港界址專條》，租借九龍界限街以北、深圳河以南地方及附近離島予英國，為期九十九年。

1863 年

薄扶林水塘建成，成為香港第一個水塘。

1860 年

清政府在第二次鴉片戰爭中戰敗，簽署《北京條約》，將九龍半島南端（現今界限街以南地方）和昂船洲割讓給英國。

2019 年

出現新冠肺炎。

2020 年

出現「新常態」生活模式，包括更着重利用互聯網工作、學習、購物等。

小朋友，香港以後的發展就要靠我們一起努力了！

香港小檔案

小朋友，以下是一些香港的基本資料，一起來看看吧！

正式名稱：中華人民共和國香港特別行政區

所屬國家：中華人民共和國

區　　旗：　　**區　　徽**：

從這幅地圖可以看到，香港位於中國的東南端。

陸地面積：1,110.18 平方公里

人　　口：約 750 萬人

語　　言：粵語

貨　　幣：港元 HK$

北京

我們就在這裏！

香港

你知道嗎？香港是中國大灣區內其中一個城市。大灣區其他城市還有深圳、東莞、惠州、廣州、肇慶、佛山、中山、江門、珠海、澳門。

現在我們來看看香港的地圖。香港由三大地域所組成，分別是香港島、九龍和新界，每個地域都劃分成一些小區，形成我們常說的十八區。小朋友，你住在哪一區呢？

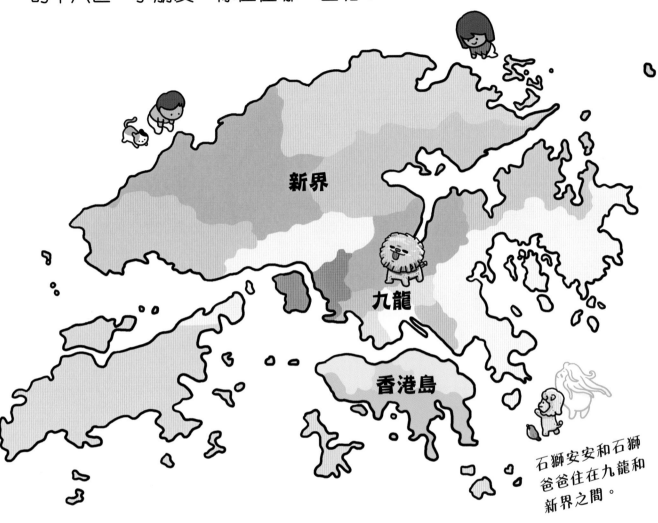

石獅安安和石獅爸爸住在九龍和新界之間。

香港島
中西區：堅尼地城、上環、中環、山頂
灣仔區：灣仔、銅鑼灣、大坑、渣甸山
東　　區：炮台山、北角、西灣河、小西灣
南　　區：薄扶林、香港仔、淺水灣、石澳

九龍
油尖旺區：尖沙咀、油麻地、旺角、大角咀
深水埗區：美孚、長沙灣、深水埗、又一村
九龍城區：紅磡、九龍城、九龍塘、何文田
黃大仙區：新蒲崗、黃大仙、鑽石山、牛池灣
觀　塘　區：坪石、九龍灣、觀塘、鯉魚門

新界
葵青區：葵涌、青衣
荃灣區：荃灣、深井、馬灣、欣澳
屯門區：大欖涌、掃管笏、屯門、藍地
元朗區：洪水橋、天水圍、元朗、八鄉
北　　區：粉嶺、上水、沙頭角、烏蛟騰
大埔區：大埔、船灣、樟木頭、企嶺下
沙田區：大圍、沙田、烏溪沙、馬鞍山
西貢區：清水灣、西貢、將軍澳、調景嶺
離島區：長洲、大嶼山（包括東涌）、南丫島

金鐘立法會綜合大樓

灣仔香港會議展覽中心

政府總部

中環國際金融中心

中西區
近代香港最先發展的地區，至今也是香港的政治和經濟中心。

銅鑼灣時代廣場

Cyberport

數碼港

香港仔避風塘

香港十八區特色：香港島

香港十八區，區區有特色，石獅安安十分期待，他將會在各區遇上什麼趣事呢？

香港島是香港境內第二大島嶼，那排第一的是哪個島嶼？

我知道！是大嶼山！

亞港

北角春秧街的電車路

鰂魚涌「怪獸大廈」
（指益昌大廈、海山樓等五座所組成的一組大廈）

萬量洪號滅火輪展覽館

灣仔區
香港島和九龍的重要交通交匯處。也是香港的商業和展覽中心。

東區
這裏有三大奇景，其中兩奇反映出香港地少人多的特色：一是電車從菜市場中間穿過，二是人煙高度密集的「怪獸大廈」。還有一奇是陸上有大船！

南區
這裏既有創新科技的基地，也保留部分舊日漁港的特色，還有很多著名的沙灘呢。

赤柱美利樓

淺水灣

香港十八區特色：九龍

石硤尾美荷樓

深水埗鴨寮街

旺角花墟道

尖沙咀廣東道

尖沙咀鐘樓

深水埗區
這裏有香港最早期的
公共房屋，也有新式
的私人屋苑，還有以
專門售賣電子產品和
電子零件而著名的鴨
寮街。

油尖旺區
九龍的商業和旅遊中心。
旺角花墟道是香港最大
的鮮花零售市場；而名
店林立的尖沙咀廣東道
和美麗的海旁都是熱門
的旅遊景點。

九龍在三大地域中面積最小。

維多利

黃大仙祠

黃大仙區

因區內的黃大仙祠而得名。這裏還有一個仿照唐代建築特色而設計的公園，名為南蓮園池。

鑽石山南蓮園池

觀塘區

由工業重鎮漸變為商貿中心和環境舒適的住宅區。區內的鯉魚門是維多利亞港東面的入口，建有保祐人們出海平安的天后廟。

觀塘駱駝漆大廈

九龍城美食

觀塘海濱花園

九龍城區

九龍城是有名的美食區，其中以清真和泰式美食最著名；而區內的紅磡海底隧道是連接九龍和香港島的主要通道。

工磡海底隧道

鯉魚門天后廟

亞港

香港十八區特色：新界

元朗區
有車水馬龍的市
中心，也有生態
價值甚高的濕地。

天水圍濕地公園

元朗大馬路

老婆餅

屯門區
早期發展的新市鎮，有眾
多屋苑和文娛場所。香港
第一條高速公路——屯門
公路於 1978 年通車，方
便市民出入屯門。

屯門大會堂

屯門公路

荃灣的天

汲水門大橋

青馬大橋

赤鱲角香港
國際機場

大澳棚屋

離島區
坐飛機外遊的必到之地。
此外，還可以遊覽水鄉
和欣賞世界第二大戶外
青銅坐佛。

大嶼山
天壇大佛

荃灣區
香港第一代新
市鎮。近年本
多條行人天橋
連接多個大型
商場，是有
的「天橋
城」。

北區
可尋訪多條歷史悠久
的村落和走進景色宜
人的海岸公園。

粉嶺龍躍頭老圍

印洲塘
海岸公園

大埔區
既有工業邨，也有
住宅區，還有以食
材多樣和價廉物美
而聞名的菜市場！

大埔鳳園蝴蝶保育區

大埔墟街市及熟食中心

沙田城門河

沙田
車公廟

西貢萬宜步道

沙田區
踏單車是這裏常見的假日活
動；而每逢大年初三，大批
市民都會到車公廟祈福。

西貢
公眾碼頭

西貢區
有「香港後花園」之稱，
並有不同的海鮮美食任
君選擇。

葵青區
設有多個貨櫃碼頭。全球跨度最
長的行車及鐵路懸索吊橋青馬大
橋也在這裏。

小朋友，我們對香港
已經有初步的認識，
現在一起出發，深入
探索香港吧！

千姿百態的地貌

香港地貌豐富多樣，而且很多都是跟石獅爸爸年紀相若的
「老朋友」，所以石獅安安先去拜訪他們。

大帽山

在新界中部，身高 957 米的大帽山是香港最高的山峯！
大帽山主要由火山岩構成，抗蝕能力高，不會輕易被風
雨侵蝕而影響身高。

肥豬石

位於大嶼山芝麻灣。有趣的外
貌全因他跟石獅安安一樣，是
易受侵蝕的花崗岩。

嘖嘖！石獅爸爸是我的偶像。

請你轉告石獅爸爸，
我們一班老朋友都很掛念他。

爸爸知道一定
會很高興的。

安安手記 香港岩石年紀排行榜

我年紀最大，
有四億多歲。

我忘了。

爸爸有一億多歲。

我最年輕，大約
五千五百萬歲。

黃竹角咀鬼手岩　　石獅爸爸　　東平洲頁岩

很久沒聽到石獅爸爸分享山上的消息了。

破邊洲六角形岩柱

西貢花山旁邊有一幅大型岩柱壁畫，由一條條整齊排列的六角形岩柱組成，垂直插入海中，十分壯觀！六角形岩柱是火山灰和熔岩冷卻後收縮而形成的。

呵呵，我最喜歡聽八卦消息。

梧桐寨瀑布羣的主瀑

位於大埔，是香港最高的瀑布，因流經地殼的斷層位置而形成超過 30 米的落差。

鴨眼

望原濕地

位於上水，由四百多塊農地連接而成，是香港最大的淡水濕地，吸引許多雀鳥來覓食。

鴨洲的「鴨眼」

鴨洲的外形就像一隻鴨子伏在海上，而「鴨眼」就是經海浪長期拍打而形成的海蝕拱。

哇哈！我可以在這裏認識很多朋友！

時光隧道

香港曾經有一座超級火山？

不錯，那就是糧船灣超級火山，它最後一次噴發是在一億四千萬年前。香港地質公園內的六角形岩柱就是它噴出的火山灰和熔岩冷卻後而形成，覆蓋面積超過 100 平方公里！

香港市區有不少公園，路邊也有植樹。多加留意，就會發現許多不同的植物了。

我最近學會一個名詞，叫「打卡」。

細葉榕
元朗錦田樹屋的老榕樹有三百多歲，可能是香港年紀最大的榕樹！

有故事的植物

接下來，石獅安安要去探訪植物朋友啦。香港位於亞熱帶地區，有很多不同的植物呢！

土沉香
樹脂帶有香氣，可製成珍貴的香料。香港以前把這種樹木出口，據說「香港」之名便是由此而來。

安安手記 **香港四季的植物**

我喜歡温暖的春天。	我在夏天盛放！	我的葉子在秋天變紅。	我在冬天開花。
簕杜鵑	大花紫薇	楓香	大頭茶

木棉
香港出現夏日飛雪，其實是木棉的果實成熟後爆開，裏面的棉絮隨風而飛，護送種子到遠方生長。

我本來先開花後長葉，近年氣候反常，把我也弄混亂了，所以有時會花葉並存。

世界之窗

香港的自然風光享譽全球？

2016 年，著名旅遊雜誌《孤獨星球》（Lonely Planet）推介荔枝窩為「亞洲十大最佳旅遊景點」、《國家地理頻道》（National Geographic）將麥理浩徑選為「二十大全球夢想山徑」呢。

洋紫荊
香港是第一個發現野生洋紫荊的地方，香港特區政府的區旗和區徽都用洋紫荊作為圖案。

我和其他植物朋友編了一個花環送給石獅爸爸。

花環很漂亮，謝謝你們。

蘇鐵
這種香港常見植物，原來早在三億年前已在地球出現，比恐龍出現得更早！

秋茄
又名「水筆仔」，香港濕地常見植物。幼苗長在樹上，外貌就像一枝筆，成熟時會垂直插入泥中然後生長，十分有趣。

鳳凰木
夏天花開滿樹，紅豔似火，所以又名「火焰樹」。

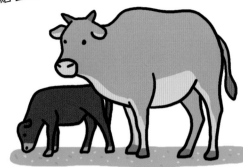

石獅安安，我們編了一支舞
給石獅爸爸打氣！

黃牛
從前新界有很多農田，農田減
少後，這些農夫的好幫手便不
用再工作，開始流浪生活了。

活潑可愛的動物

說到大自然，怎可以缺少動物呢？吱喳
鳥已經迫不及待催促石獅安安去探訪動物們
了。他們還遇上一位難得一見的朋友呢。

那邊在跳舞的不就是鳥族的
智者神隱鳥？*

既然有緣相見，
就一起跳舞吧！

我要學會這支舞，
跳給爸爸看！

我比港幣一毫
還要小呢。

盧氏小樹蛙
香港的特有物種，
也是香港體形最細
小的蛙類。

金裳鳳蝶
香港體形最大的蝴蝶，
展翅後可達 16 厘米，
跟一部智能手機長度
相若。

*有關神隱鳥的故事，請見《石獅安安
愛遊歷：神隱鳥，你在哪兒？》。

安安手記 **香港野生哺乳動物數量排行榜**

短吻果蝠

排第一的是我們蝙蝠家族！

第二是像我這樣的大型食肉動物！

野豬

第三是我們小型鼠類。

小家鼠

中華白海豚
主要在大嶼山一帶出現。幼年時全身深灰色，成年後變粉紅色，十分可愛。

恆河猴
常見於金山郊野公園，所以金山又名「馬騮山」。

樹麻雀
俗稱麻雀，香港常見雀鳥，跟我們親近得就像鄰居一樣。

叉尾太陽鳥
顧名思義，尾部是開叉的，但只有雄鳥是如此。香港的 1 元 4 角郵票曾以這種鳥為圖案。

奇想之門

動物可以幫助我們改善生活？
香港有些科研團隊研究生物的結構和行為以製作新科技，稱為「仿生學」。例如受到蟻羣啟發，想到以磁場遙控微納機械人遊走人體，提升醫療效能。小朋友，觀察動物時，你又會想到什麼好主意呢？

古往今來的人口

自然界的朋友十分熱情，令石獅安安很感動。現在他要探訪在香港生活的人了，因為爸爸很關心山下的人，希望每個人都過得快樂。

從前，香港的人口主要是四大羣體，包括本地人、客家人、蜑家人和鶴佬人。

我爸爸早年從內地來港生活，我和我的孩子都是在香港出世的。

蜑家人
過去以船為家的水上人。艇仔粉是他們常吃食物，特色是鮮魚湯底配燒味。

其他在香港生活的人
二十世紀中後期，很多人從內地來港謀生，並且落地生根，組成現今香港社會的主要人口。近年，有些人透過申請優才、專業人士或企業家等不同的入境計劃來港，為香港發展作出貢獻。

Keep smiling !

我經常為我的乖孫做很多客家美食！

安安手記 香港人口年齡結構圖

15-24 歲

0-14 歲

8.4%

25-64 歲

11.5%

61%

19.1%

65 歲或以上

根據香港特區政府統計處 2020 年年底的數據

本地人
早期遷入香港的人，清政府稱他們為「本地人」，例如錦田鄧氏、上水侯氏、粉嶺彭氏。

鶴佬人
因祖先來自福建，所以又被稱為福佬人。九龍城福佬村道因曾有不少福佬人聚居而命名。

客家茶果是我最愛的小吃。

石獅爸爸，送給你無數個笑臉。

奇想之門

如何應對人口老化問題？
醫療發達令人們的壽命延長，但出生人數減少，造成人口老化問題。有人建議為長者提供就業機會、設計方便長者生活的發明等。小朋友，你還想到什麼主意呢？

客家人
大批客家人在清朝初年移居香港，現存的大型客家住屋例如有沙田曾大屋。

了不起的各行各業

笑容的力量真大，石獅安安的心情好極了！他決定要發掘更多有趣的事情來告訴爸爸！在尖沙咀星光大道，石獅安安很快就有了新發現，還認識了香港各行業的人員呢。

謝謝你們的付出！

醫護業
香港的公營醫療機構為香港市民提供低收費的醫護服務，保障市民健康。

是這個姿勢嗎？

你與李小龍對戰的影像，可以喚起石獅爸爸的鬥志！

出版業
陪伴香港人走過近百年歲月，出版物多樣，例如創刊於 1941 年的香港第一份兒童雜誌《新兒童》，還有《老夫子》漫畫等。

創新科技業
結合創意和科技應用，例如將擴增實境（Augmented Reality，簡稱 AR）技術應用在不同行業，為用家帶來好處。

安安手記 **香港四大產業**

哈哈！我是穩定香港經濟的重要角色！

收到訂單，我就會馬上出動！

我會讓每位旅客都有一段愉快的旅程！

 旅遊

為客戶提供專業服務，就是我們的致勝之道！

金融　　　貿易及物流　　　專業服務及其他工商業支援服務

旅遊業

香港除了有傳統景點（例如太平山頂）外，也推出特色旅遊路線，例如文物徑、地道美食遊等，吸引旅客來港。

銀行業

香港的銀行由香港金融管理局監管，以保障市民存款的安全。

速遞業

近年網上購物大行其道，令速遞業發展特別迅速，客戶安坐家中便可收取貨物了。

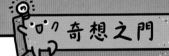 奇想之門

如何善用科技，將不可能變成可能？

香港有些旅遊景點加入了擴增實境技術，例如下載指定手機應用程式，在尖沙咀星光大道上掃描國際武打巨星李小龍的銅像，便看到李小龍的立體影像，更可與他合照！小朋友，你長大後想做什麼工作推動香港發展呢？

27

四通八達的交通

拍照後大家就要分別了,不過香港交通方便,要見面也很容易。石獅安安可是常常看見很多車輛在自家門前的獅子山隧道進出呢。

獅子山隧道是連接九龍和新界的第一條隧道。

謝謝!

加油!

這是我們送給石獅爸爸的畫像。

飛機
「香港起飛」是第一架在香港組裝和註冊的小型飛機,也是香港第一架完成環球飛行的民間組裝飛機,於 2016 年完成環球旅程。

港鐵
快捷而且載客量大,近年更拓展多條支線,市民出行將更方便。

昂坪纜車
連接東涌和昂坪。部分車廂的地板由強化透明玻璃製成,乘客可從多一個角度看風景。

渡輪
港內線渡輪接載乘客來往香港島和九龍,而港外線則主要往來香港市區和離島。

安安手記 香港交通的世界之最

中環至半山自動扶手電梯

我是世界最長戶外有蓋行人扶手電梯，全長 800 米！

青馬大橋

我是世界跨度最長行車及鐵路懸索吊橋，跨度 1,377 米！

港珠澳大橋

我是世界最長的橋隧組合跨海通道，長達 48.3 公里！

我天天經過石獅爸爸家的大門。

巴士

它的路線編號有一些規律，例如行經北區和大埔區的編號為 70 至 79；而結尾字母 X 則代表特快路線。

的士

有紅色市區的士、綠色新界的士和藍色大嶼山的士，它們的起錶價和跳錶價各有不同，但都是按車程長短來收費。

小巴

紅色公共小巴沒有固定路線，比較靈活；而綠色專線小巴則剛好相反，比較穩定。

山頂纜車

來往中環花園道和太平山頂，乘客可俯瞰維多利亞港兩岸的景色。

我在 2021 年 6 月退役，由新一代纜車接棒。

電車

只在香港島行駛。因行駛時發出「叮叮」聲，人們便暱稱它為「叮叮」。

世界之窗

香港如何加強與世界連繫？

香港有很多出色的交通設施連繫世界，包括啟德郵輪碼頭、高速鐵路、香港國際機場，它們對香港經濟發展都有重要貢獻。

要「讚好」的建築物

在高空欣賞香港風景時，石獅安安發現很多特色建築物，其中還有他認識的朋友呢。* 石獅安安決定去認識更多建築物朋友，回去跟爸爸分享。

太空館
外形像個菠蘿包，其實是配合館內天象廳的圓頂銀幕而設計，為觀眾營造星空的感覺。

石獅安安，我們又見面了！
這是我們送給石獅爸爸的雕塑。

換個新形象，心情也會變好！謝謝。

彩虹邨
1965 年榮獲「香港建築師學會銀牌獎」。除了外牆漂亮外，屋邨以高低不同的樓宇組成，大大增加了空間感。

勵德邨
全港唯一圓筒形公共屋邨。邨裏的第一座至第四座採用圓筒形設計，讓更多單位欣賞到遠處維多利亞港的美景。

* 有關建築物朋友的故事，請見《石獅安安愛遊歷：神隱鳥，你在哪兒？》。

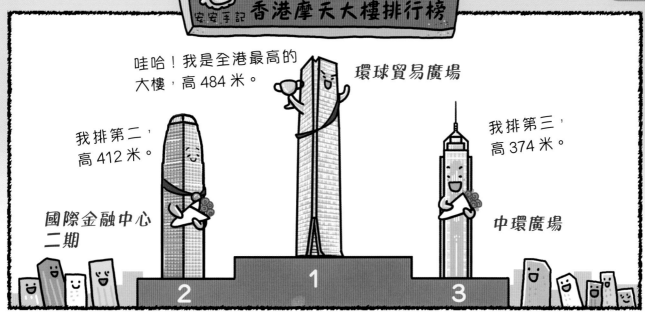

安安手記 香港摩天大樓排行榜

哇哈！我是全港最高的大樓，高484米。

環球貿易廣場

我排第二，高412米。

我排第三，高374米。

國際金融中心二期

中環廣場

藍屋

香港少數餘下有陽台的唐樓。藍屋原本不是藍色的，據說當年政府為它修葺時，物料庫只餘藍色油漆，才把它髹成藍色。

我換了新形象後，馬上吸引了大家的目光。

中銀大廈

多次榮獲香港和國際建築設計大獎。它的設計靈感源自竹子一節一節地向上長高的特性，有「節節高升」的意思。

石獅安安，最近好嗎？

香港體育館

不但外形特別，像倒置的金字塔，而且採用無柱設計，觀眾在任何位置都看到中央的表演場地。

時光隧道

香港有中式的教堂？

香港有不少中西合璧的建築，例如沙田道風山上的聖殿，外表是傳統的中式建築物，但抬頭一看，就會發現殿上的十字架！原來這是二十世紀初的傳教士為了吸引佛教徒和道教徒前來認識基督教而建的。

31

親子同樂好去處

告別建築物朋友後，石獅安安聽到遠處傳來很多小朋友的笑聲，原來那裏是一個消閒好去處。到底有什麼好玩的呢？石獅安安馬上就被吸引過去了。

嘩哈哈！

康樂健康

這是我們送給石獅爸爸的祝福風箏。

謝謝！我要把它飛得高高的，希望願望成真！

大坑墩風箏場
因下車處是大坳門，所以人們慣說「到大坳門放風箏」。那裏地勢高又近海，風勢強勁，還有大片草地，是放風箏的好地方！

西九文化區
不但有海濱長廊讓人們漫步和踏單車，還有戲曲中心、M+ 博物館、香港故宮文化博物館，讓一家大小可以玩一整天。

嘻嘻！　　哈哈……

屯門公園共融遊樂場
有七個遊玩主題區。遊樂場經過精心設計，讓行動不便的小朋友也可以一同玩樂！

香港中央圖書館
香港最大的圖書館。小朋友除了借閱圖書外，別忘記到這裏的玩具圖書館玩樂一番啊！

安安手記 香港海陸空的好去處

我是玻璃底船，可以帶大家出海觀賞珊瑚羣落。

海下灣

像我這樣大規模的六角形岩柱，世界少有啊！

香港地質公園

我這裏有很多不同的觀星設備呢。

香港太空館天文公園

香港動植物公園

俗稱「兵頭花園」。園內有優雅的美洲紅鸛、活潑的婆羅洲猩猩、世上體形最大的陸龜品種盾臂龜等；而植物則有九百多種，令人目不暇給。

香港文化博物館

設有不同主題的展覽，介紹昔日新界的面貌、粵劇文化、武俠小說大師金庸的作品等。

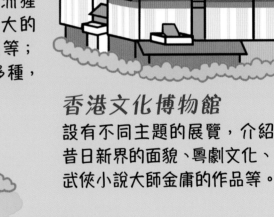

城門水塘

路線輕鬆又可飽覽不同美景，其中城門水塘主壩和白千層林道更是大熱景點！

時光隧道

爺爺嫲嫲小時候玩什麼？

早期香港的遊樂設施少，而且很多家庭收入不高，小朋友大多是玩「耍盲雞」等不用材料的遊戲或就地取材自製小玩意；而在路邊攤花一毫租借公仔書看已是令很多小朋友雀躍不已的娛樂了。

知名的港式美食

石獅安安玩累了，要吃點東西，休息一會兒。香港地道美食數之不盡，石獅安安真想把它們全部帶給爸爸吃！

「三點三」下午茶時間源自從事體力勞動工作的人，讓他們吃飽補充體力。

一盅兩件
指上茶樓喝茶和吃點心。盅指焗盅，是喝茶的傳統用具。「兩件」是虛數，一家人上茶樓，通常會點上一桌子美味的點心呢！

茶餐廳美食
熱乎乎的包內夾一塊凍牛油，形成冷熱交融的菠蘿油，還有蛋香四溢的蛋撻和濃滑奶茶，是經典的港式下午茶食物。

這些食物好豐富啊！

街頭小吃
彈牙的魚蛋、軟糯的魚蓉燒賣、外脆內軟的雞蛋仔，分量雖小，但滋味無窮！

安安手記　香港茶餐廳的有趣術語

食物	飲品
走色：不要醬油或肉汁	COT：凍檸茶
走青：不要葱花和芫茜	甩色：檸檬水（因為水的顏色是透明的）
飛邊：切去麵包皮	茶走：奶茶不要砂糖，改加煉奶。

燒味和臘味
店內的架上掛滿油亮亮的叉燒、白切雞等燒味，令人食指大動；臘腸、膶腸等臘味則是秋冬常吃美食。

吃過美食，石獅爸爸自然精力充沛！

懷舊小吃
軟滑的砵仔糕、鬆化的龍鬚糖、甜甜的糖葱餅，都是爺爺嫲嫲童年的集體回憶。

雲吞麵
又名「細蓉」，講求皮薄餡靚，麵要爽口，湯要濃郁，功夫絕不簡單！

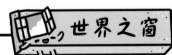

世界之窗

「do do mi so so」的旋律和甜品有關？
這是世界名曲《藍色多瑙河》的旋律，每逢雪糕車做生意時就會播放，用來吸引顧客。雪糕車多年來只售賣軟雪糕、果仁甜筒、蓮花杯和珍寶橙冰，都是經典甜品，深入民心！

連繫古今的古蹟

　　嘗遍香港美食，石獅安安十分滿足。他聽說附近有些古蹟，想到爸爸是看着他們出生的，經過悠長的歲月，他們有什麼變化呢？石獅安安決定去探訪他們。

安安手記　香港的文物徑

鄧氏宗祠
（屏山文物徑）

香港大學本部大樓
（中西區文物徑）

大潭篤水塘水壩
（大潭水務文物徑）

聖士提反書院
書院大樓
（聖士提反書院文物徑）

其他文物徑包括龍躍頭文物徑、灣仔歷史文物徑、城門戰地遺跡徑。

東龍洲石刻
香港面積最大的石刻，超過三千年歷史。石上的圖案像龍又像鳥，真相至今還是個謎。

前九龍英童學校
香港現存最古老的外籍兒童學校建築，現已是古物古蹟辦事處的辦公大樓。

黑暗過後定會重見光明，
這是送給石獅爸爸的書法。

柳暗花明又一村

謝謝！我會好好保存！

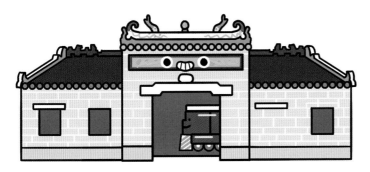

舊大埔墟火車站
這是百年前香港一座以中式風格建成的火車站,現已成為香港鐵路博物館了。

我曾受到超強颱風的破壞,經過專家們努力,我已經回復原貌。果然希望在明天!

都爹利街石階及煤氣路燈
石階大概建於 1883 年,而四盞煤氣燈則大概於二十世紀初安裝,是香港現存仍然提供街道照明服務的煤氣燈。

景賢里
原名「禧廬」,是一座超過八十年歷史的港島半山豪宅。百年前,山頂是外籍人士的聚居地,景賢里的出現反映了當時的華商崛起。

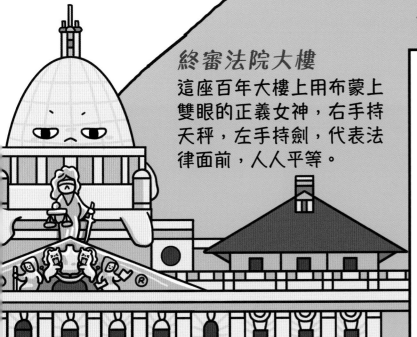

終審法院大樓
這座百年大樓上用布蒙上雙眼的正義女神,右手持天秤,左手持劍,代表法律面前,人人平等。

奇想之門

怎樣令古蹟重現活力?
古蹟也要構思新點子吸引公眾參觀呢。中環大館包括前中區警署、前中央裁判司署、前域多利監獄等,並新建美術館,成為中環新地標,榮獲聯合國教科文組織亞太區文化遺產保護獎卓越獎項。小朋友,參觀古蹟的時候,你可以想想怎樣令它變得更吸引啊!

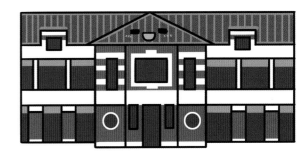

生活裏的非物質文化遺產

「篤撐，篤篤篤撐⋯⋯」石獅安安跟古蹟朋友告別後，突然聽到這熟悉的聲音，興奮得馬上跑過去。那是粵劇表演的聲音呢！石獅安安曾舉辦香港非物質文化遺產博覽會，石獅爸爸當時也看得很開心呢。*

憑着愛與堅持，就能衝破難關！

我也要把愛傳給爸爸和其他人！

粵劇

又稱「大戲」，以唱（演唱）、做（動作）、念（念台詞）、打（武打）來表演。粵劇獲列入《人類非物質文化遺產代表作名錄》中，它的價值得到了世界的肯定。

安安手記 非物質文化遺產類別

「非物質」就是沒有形體的東西，例如知識、技巧和經驗，它們都是前人傳下來的珍寶。

呢本書好好睇呀！

粵語
（語言）

西貢坑口
客家舞麒麟
（表演藝術）

黃大仙信俗
（宗教和節慶活動）

涼茶
（民間智慧）

花牌紮作技藝
（傳統手工藝）

　* 有關石獅安安舉辦香港非物質文化遺產博覽會的故事，請見《石獅安安愛遊歷：尋找生活中的珍寶》。

謎語

猜謎者透過聯想相關事物、增減文字等方法來猜出謎底，是一種益智好玩的遊戲。

猜謎會

高峯上的草原之王
（猜一香港山名）

謎底是爸爸！

不，是獅子山。

奇想之門

非物質文化遺產會與時並進？

雖然名為「遺產」，但它的意義卻在於可供人們不斷創造，並有團結社羣的力量！就像粵語經常有新詞彙出現，而且我們對說粵語的人會感到特別親切呢。小朋友，你會如何令這些珍寶有持續的生命力呢？

吹糖技藝

這些「糖公仔」不但可以看，還可以吃呢！做法是將蔗糖或麥芽糖加熱融化，拉出一條小管往裏面吹氣，再用雙手捏出造型。

真有趣！

快樂「糖公仔」

活字印刷技藝

從前要靠執字師傅將鉛粒字逐粒放入字粒版，在印刷機固定位置後才能印刷呢。

廣經堂

傳統曆法

即是「農曆」。載有新一年曆法的《通勝》每年都會出版，以便人們擇日從事不同活動，例如祭祀、婚嫁、搬屋等。

中式長衫和裙褂製作技藝

中式長衫的男裝是一件長袍，女裝就是旗袍，而裙褂則是女性婚嫁時穿着的衣服。從幫客人量身以至縫製衣服，裁縫都會一手包辦！

39

中西方的節日

　　石獅安安欣賞了很多香港非物質文化遺產，令他大開眼界。忽然，又有一陣熱鬧的鑼鼓聲傳來，不過這次不是粵劇演出，而是人們正為即將到來的農曆新年進行舞獅綵排！

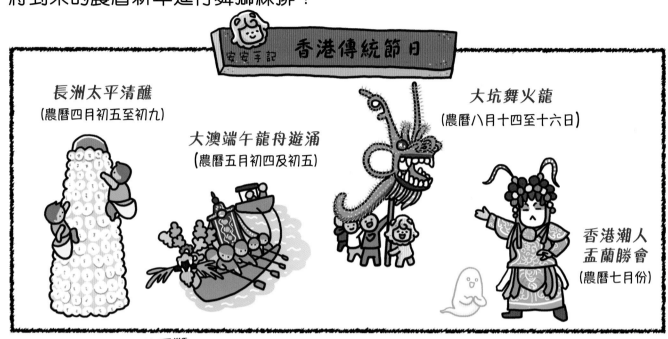

安安手記　香港傳統節日

長洲太平清醮
（農曆四月初五至初九）

大澳端午龍舟遊涌
（農曆五月初四及初五）

大坑舞火龍
（農曆八月十四至十六日）

香港潮人
盂蘭勝會
（農曆七月份）

我來教你舞獅，你表演給石獅爸爸看，給他一個驚喜吧！

農曆新年

農曆正月初一至十五是中國人最重視的新年。人們會拜年、派利是，還有舞獅、舞龍表演。而年初一的花車巡遊和年初二的煙花匯演，更是香港重要的慶祝活動！

好呀！

復活節

這是慶祝耶穌復活的節日，大約在三月和四月之間。美食有朱古力復活蛋，而傳統活動則是尋蛋遊戲！

清明節

重要的中國傳統節日，一般在四月四日或五日。這天，人們會掃墓祭祖，以示懷念先人。

端午節

農曆五月初五是紀念中國古代忠臣屈原的日子，人們會吃粽子、賽龍舟、游龍舟水度過這個節日。

中秋節

在農曆八月十五，一家人會一起吃月餅、賞月、玩燈籠，其中紙紮兔子燈籠更是不少香港人的童年回憶呢！

聖誕節

十二月二十五日是聖誕節。香港的聖誕氣氛濃厚，到處都有聖誕裝飾，人們還會交換聖誕禮物、參加聖誕派對和吃聖誕大餐！

世界之窗

香港有一個「全球十大古怪節日」？

長洲太平清醮被美國《時代雜誌》(Time) 網站評選為「全球十大古怪節日」之一，因為覺得它的搶包山比賽很特別！包山高 14 米，參賽者鬥快爬上包山，在限時內拿到最多平安包的便是勝出者。

石獅安安探索過香港許多不同地方，是時候回家了！

石獅安安回到家，石獅爸爸剛好跟一批準備下山的遊客說再見，然後，他打了一個大大的呵欠。

石獅安安依偎進爸爸懷裏，說：「爸爸，你今天累了，平日都是你給我說故事，今天由我來說吧。」

石獅安安繪影繪聲地與爸爸分享他的經歷。

聽到很多新舊朋友的消息，真好！

嗯，大家都很關心你呢。

分享過後，他把收到的禮物交給爸爸，說：「爸爸，這些都是大家送給你的，你喜歡嗎？」

　　石獅爸爸說：「安安，謝謝你。我沒事，只是最近太忙有點疲累，所以才忽略了你，對不起。」

　　石獅安安喜出望外地說：「爸爸沒事就好了！這次遊歷我有不少收穫，很難忘啊！」

　　石獅爸爸一把抱緊石獅安安，開心地笑了。

在獅子山下奮鬥之餘，也要給予和家人共處的時間啊！

天黑了，我要回家啦，下次再一起玩吧。

我的香港旅行團

小朋友，石獅安安的遊歷旅程十分精彩，你也想像他一樣四處探索，發掘香港更多有趣的東西嗎？試試當個小領隊計劃行程，然後自製一份旅行單張，邀請其他人參加你的旅行團吧！

_____ 旅行團

（請構思一個吸引的名稱）

領隊：_____ 出發日期：_____

團友：_____

集合時間：_____

景點 1：_____

必看 / 必玩項目：_____

午餐：_____

景點 2：_____

必看 / 必玩項目：_____

晚餐：_____

行程結束，多謝大家參加！

小朋友，你可以畫圖或拍下你和團友一起去旅行的開心照片，以作紀念。

景點 1 的難忘回憶

景點 2 的難忘回憶

我的時間錦囊

小朋友，香港社會的面貌天天在變，請你來製作時間錦囊，在香港不同的地方拍照，三年後再在同一地方、同一角度拍照，看看有什麼變化吧！

照片 1

日期：_____ 年 __ 月 __ 日

時間：上午/下午 __ 時 __ 分

地點：_____

心情：_____

三年後……

日期：_____ 年 __ 月 __ 日

時間：上午/下午 __ 時 __ 分

地點：_____

心情：_____

照片 2

日期：_____年___月___日

時間：上午/下午 ___時___分

地點：_____

心情：_____

三年後⋯⋯

日期：_____年___月___日

時間：上午/下午 ___時___分

地點：_____

心情：_____

寫給三年後的自己的話：_____

回應三年前的自己的話：_____

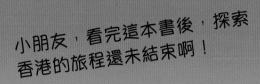

小朋友，看完這本書後，探索香港的旅程還未結束啊！

別忘記跟自己三年之後的約定！

還有，你可以登入「安安小寶庫」，獲取更多有趣的香港知識！

我每天都在期待有新的發現呢！

請掃描登入「安安小寶庫」